世界は
水滴のように
落ちていく

銀葉

水滴のように
そのなかに
水以外のものが
何一つない世界を
想像してほしい
何も見えない空白も
鮮やかな色彩をもつものも
すべて同じ
一つの水から
できている
そのなかに生まれる形は
その水の濃淡
あるいは水が

一つの場所に集中し
あるいはぼんやりと
拡散している
その水の
圧縮と拡散が
様々なものをつくり出している
この濃淡は
水に
力がはたらいていることを
示している
つまり
似通った濃度の水には
互いに引き合う

張力がはたらき
この力は
その濃度が同じであるときに
最も強くなる
濃度の差が大きくなり
濃淡がひらいていくと
次第に
異なる濃度のあいだには
互いに反発する
斥力が作用する
濃度が異なるほど
この斥力は強い
この二つの力が

水の濃淡を説明し
そこにみえる物の性質を
根拠付けてくれる
つまり
最初
水の広がりには
濃度のばらつきがほとんどなく
均質な水が
そこにはたらく張力によって
かすかに震えている
この揺らぎは
波となって
あちらこちらに伝わっていく

この時点では
斥力は
ごく微弱にしか作用せず
ただ次第次第に
水の揺らぎに作用し始め
波の振れ幅を
大きくしていく
その長い
夜明け前の
まどろみのような時間をへて
十分に大きくなった波が
あるときに
重なり合って干渉し

ある一点の濃度を
とくに強いものにする
この強さが
張力にまさって
斥力が現れるほどに
大きくなると
その濃い一点は
周囲に環状に
斥力を及ぼし
この斥力が
その濃い中心を維持しつづけるほどに
安定したときに
最初の粒が生まれる

この粒が
どのように大きくなっていくのかを
みてみよう
濃い中心は
周囲にぐるりと
斥力を及ぼすため
この粒のまわりには
水が薄まった
淡い環がつくられている
斥力は
環状に均等に
はたらいているため
この環のなかに

張力がはたらくようになる
その引かれ合う力によって
環には揺らぎが生まれ
環のある部分に
濃い場所が生まれる
この濃い揺らぎは
中心の濃い部分と引かれ合って
粒を大きくしていき
あるいは
環の外縁に
近かったために
環から外へとはじかれて
新しい粒をつくっていく

そのように
最初の粒はふくらみ
また周囲にぱっと
粒を散らして
そのどれもがふくらんでいって
また新しい粒を生み出していく
そのゆるやかな一瞬のうちに
水の広がりのなかには
粒がいっせいに
生み出されていく
しかし
粒の濃い中心が
ある程度をこえて大きくなると

その濃い部分のなかにも
張力がはたらいて
揺らぎが生じ
粒は分裂していく
このため
クォークは
その一番小さい種類が
安定しており
より大きなものは
通常は
すぐ小さなものに
細かくなっていく
クォークは

やがて複合し
陽子をつくるが
その仕組みを
みてみよう
波から粒が生まれ
この粒は大きくなっていく
しかし
この濃い部分は
斥力が一度はたらいて
鋳型にはいった金属のように
ぱっと鋳型をあければ
できあがり
というものではない

斥力は
常にはたらきつづけているのであり
粒のようにみえるのは
水が固まっているのではなく
斥力が水を
変形させつづけている
水の歪みなのである
このため
粒が動いているときに
正確には
粒が動いているのではなく
そこに
粒のような形に

水を歪ませる
力が動いているのである
このため
この力は
自分が望む濃度を
維持するために
常にまわりから
水を集めており
そのように水圧をかけて
集められた水を
その同じ圧力で
今度は外へと
噴き出している

つまり
水を圧縮する力によって
水は一点に吸い寄せられ
また放出されていく
このとき
水は渦を巻いて集まり
その渦とは垂直に
集めた水を噴き出していく
この渦が
粒の電気的な性質を
説明してくれるかもしれない
つまり
正の電荷をもつものと

負の電荷をもつものが
引かれ合い
正正
負負は
反発するという性質が
渦の向きによって
説明できるかもしれない
というのも
同じ向きの渦同士は
→○←→○←
というように
互いに接する側面では
水流の向きが

逆であるために
水流が重ならず
むしろ相手の水流に
逆らうため
離れていくが
異なる向きの渦同士は
→○←←○→
というように
互いに接する側面では
水流の向きを
同じくするために
引かれ合う
クォークのような

小さな粒が
反対の電荷をもつ
別のクォークと複合することは
この渦の仕組みに
よっているのかもしれない
他方
水を集める渦によって
電気的な性質が生まれるのに対し
粒から噴き出る水流は
粒の
磁気的な性質を
説明してくれるかもしれない
つまり

水に流れが生まれるときに
そこに磁性が生じる
同じ流れが重なるときに
それらは引かれ合い
流れが反発するときに
離れていくのかもしれない
ただ
粒から噴き出す
水の流れは
水を一点に
集めるものではないため
渦はつくらず
電気的な性質とは

異なっている

さて
陽子は
すでに生まれたが
陽子が複合して
原子核をつくることは
このような渦によっては
説明できない
というのも
陽子は
中性子と複合するが
中性子は
電荷をもたず

ただ磁気的な性質のみを
もっている
電荷をもたないということは
渦をつくらず
つまり水を
一点に集めることがない
すると
中性子は
水を濃くしたものではなく
水を薄めたものであるのかもしれない
水を薄めて
押しのけるために
その薄い領域から外への

水流があり
そのために
磁気的な性質のみを
もつのかもしれない
このような
薄い粒が生まれる理由は
こうかもしれない
クォークは
ごく小さな
濃い点であるため
その濃い中心と
反発してできる淡い環には
かなりの揺らぎが

生まれている
つまり
いつも環状に
薄い領域があるのではなく
ある部分が
濃くなったり
薄くなったりするために
その環は
揺れるひものように
振る舞う
しかし
このクォーク同士が
渦の仕組みによって結び付くと

その複合された全体が
大きな濃い中心であるかのように
周囲に強く
斥力を及ぼすようになる
クォーク一つ一つのもつ斥力よりも
力が増したこの斥力は
陽子の周囲に
強い淡環(たんかん)をつくるようになり
この環にも
揺らぎはあるものの
それは他の陽子の
環とのあいだに
張力が作用できるほど

安定した薄い領域を
つくっている
陽子を結び付けるのは
この環のあいだにはたらく
張力であり
この張力が
陽子の渦が互いにもつ
反発力にまさるために
同じ正の電荷をもつ陽子は
結合する
逆に言えば
クォークの環のあいだにはたらく張力は
その揺らぎのために

クォークの渦が
互いに反発するのにまさるほど
安定したものにならないのである
中性子は
この安定した淡い環が
形をとったものであり
陽子の結合の外では
成立しないものなのである
このため
中性子は
原子核から外れると
すぐに崩壊する
ただ

中性子が崩壊して
三つのクォークになることは
別の仕組みから
説明できるかもしれない
つまり
水を薄める力がはずれて
その薄い領域を
一気に
まわりの水が埋める拍子に
その勢いから
濃い粒が三つ生まれる
いわば
薄くなっていたところを埋めるときの

はね返りから
水が振動し
その振動の濃い部分が
クォークとなって飛び出す
このため
中性子はあくまで薄い
付け加えて
ニュートリノも
電気的な性質はもたないが
微弱に
磁気的な性質はもつ
この
ごく細かな粒は

中性子と違って
それ自体で
水を薄めたものであるかもしれない
つまり
斥力が
水を濃くするのではなく
水を薄める方にはたらいたのが
ニュートリノである
単体で
渦をもたず
また
その水流もかすかであるために
この粒は

他から自由に
飛んでいくことができる
さて
原子核が生まれたが
これに電子が伴うと
原子ができあがる
陽子の複合体と
電子は
その渦の向きが異なることから
引かれ合っている
ただ
陽子からの斥力が
核のまわりに

とくに薄い領域をつくっているために
電子の濃い部分と
その薄いところのあいだに
斥力がはたらいている
電子は比較的小さいため
その渦の引力が
場からの斥力以上に
強くはたらき
電子が核と
結び付くことはなく
斥力と引力が
釣り合う軌道に
電子は浮かんでいることになる

では
電子はどこから
生まれるのだろうか
一つの可能性として
電子は
陽子の複合体が生み出している
淡い環の
揺らぎから生まれるのかもしれない
つまり
最初の粒が
環の揺らぎから
別の粒をはじき出したように
陽子が組み合わさった

核のまわりの
薄い領域にも
張力による
揺らぎが作用し
この揺らぎから
濃い粒が生まれるのかもしれない
このため
陽子の数が増えるほど
電子の数も増えていく
たまに陽電子が
あることは
この揺らぎから
ごくわずかな頻度で

陽子と同じ向きの
濃い粒が生まれ
この力はすぐに
陽子の渦にはじかれて
外へと飛び出していく
この陽電子が
ふつうの電子と合わさると
その二つともが
消えてしまう
というのも
逆向きの渦が合わさると
ちょうど
互いの流れを打ち消し合って

その渦をつくっていた力を
止めるのであり
力がなくなると
その濃い点は
水のなかへと
形を失うことになる
ただ
その濃い部分の濃度が
異なる場合には
濃い点は反発して
異なる向きの渦でも
消滅することはない
ただ同じ濃度の

粒同士が
異なる向きの渦を
もつときに
それらが合わさると
消えてしまう
このため
ある強さの濃度では
粒の渦の向きが
おおよそ一つに
統一されるのであり
その向きは
最初の粒が
生まれたときの

その渦の向きを決めた
偶然に
従っている
さて
このように
電子を核に
結び付けるのは
その渦の向きであるが
これは
陽子が渦をもっていることを
示している
さきほど
水の流れは

磁性となると
確認したが
この陽子の
渦の向きが揃うと
皆同じ方向から
水を集めるために
それらの原子のまわりに
水流が生まれ
そこに
磁性が生じる
電流の通る
原子の周囲に
磁気が生まれることは

この仕組みで
理解できるかもしれない
つまり
電子がとなりの
原子に移るときには
電子は
陽子へと水が流れ込む
渦を避けて通っていく
その渦では
抵抗が強いためである
そのため
渦とは垂直方向に
ちょうど陽子から噴き出る

水流にのって
電子はとなりの原子へと
移っていく
すると
原子は
渦の軸を
揃えることになり
渦は皆
同じ方向に
並ぶことになる
このため
電流の通る方向に対して
右向きに

まわりの水が流れるようになる
さて
最初の小さな粒が
陽子に組み合わさり
さらに陽子が組み合わさって
大きな構造をとり
その構造から
電子が生まれることをみた
今度は
水を圧縮する力である
この粒と
場全体の
水との関係をみてみよう

ここには
次の基本的な関係がある
粒のまわりの
場の濃度を **w**
力が求める濃度を **p**
その力が周囲に及ぼす
水圧を **pr** とするとき
その基本的な関係は

$$pr = \frac{p}{w}$$

となる
つまり
力が求める濃度と
水圧は比例し

場の濃度と
水圧は反比例する
というのも
場の濃度が上がるほど
力は容易に
水を確保できるために
水圧は下がる
そして
場が薄くなり
力がより濃くしようとするほど
水圧は高い
粒については
この水圧は

その粒の
磁性の強さを示している
というのも
pr は
粒がどれほどの
圧力をかけて
集めた水を放出するのか
その圧力を
示している
他方
この水圧は
水全体のなかで
その力の中心へと

まわりから水を
吸い寄せる強さも
示している
この
水を吸い寄せる作用に
水のなかにはたらいている力は
引き寄せられるが
小さな粒が
一つあるだけでは
その粒がまわりから
水を吸い寄せる作用は
ごく小さく
むしろ渦の向きや

水流の作用を
強く受ける
しかし
星のように
この粒が
莫大な量に
密集したところでは
どうだろうか
その密集体のなかでは
粒がごく近い距離に
集まっているために
粒は星の内部から
水を得ることができずに

その全体が
全体に必要な水を
星の外部から
吸い寄せることになる
ここには
強い水圧が
はたらくことになり
星同士の重力は
この水圧のバランスによって
理解できるかもしれない
つまり
星は
その周囲から水を吸い寄せ

奪うために
星の周囲には
水の薄い場所が
球状に形成されるのであり
光などが
星の重力を受けて
屈折するのは
この薄い領域に吸い取られる作用を
受けるためである
そして
月と地球が
バランスをとって
釣り合っているのは

この距離での
互いを吸い寄せる水圧が
釣り合うためである
このように
水を吸い寄せるはたらきが
星にあるならば
星に磁場があることも
説明できるかもしれない
つまり
吸い寄せて集めた水を
その中心から噴き出す
水流が
球を描いて

循環する流れが
地球の磁場である
これは
水星のような
小さいが重い星が
固有の磁場をもつことを
説明している
つまり
水星は
小さいながらも
そのほとんどが
重い金属であるために
周囲から吸い寄せる水量も

ある程度の量があり
そこには水の循環が
はたらくために
固有の磁場がある
他方
火星には
固有の磁場がない
次に
この問題をみてみよう
ここでは
温度という現象を
考えてほしい
温度が上がると

粒の運動は増し
温度が下がると
粒の運動は落ち着く
この粒の運動は
粒自体の
水圧によるものである
というのも
粒がある位置に留まって
水を集めようとするときに必要な
圧力よりも
粒自体が動いていって
自分の望む量の
水を獲得するときに

まわりの水にかける
水圧の方が
より小さくすむ
このため
水を
薄くするにせよ
濃くするにせよ
水の濃度に
変化を与える力は
常に
移動しようとしている
温度が上がったときに
この粒の運動量が

増えることは
その一つの粒の
pr が増えていることを
意味している
つまり
速度が上がったということは
より大きな水圧をかける必要が
粒に生じたことを意味する
しかし
粒をつくる力がもとめる濃度は
変化していないため
温度が上がると
その場の濃度 w が下がるのだと

確認できる
温度が下がり
wが増えると
力はより容易に
水を集めることができるため
力の運動は抑えられる
では
中心部に熱をもつ
地球の場合はどうだろうか
地球の核では
その高い温度のために
wが
著しく下がっている

すると
prも上昇し
一つ一つの粒が
水を吸い寄せ
噴き出す圧力が
高くなる
地球が
この大きさと
この重さでありながら
固有の磁場をもつのは
この熱によると
考えることができ
火星は

その核に
熱をもたないために
現在は磁場をもたず
ただ
その内部に
熱をもっていた過去の
磁場の記憶をもっている
この磁場の仕組みは
木星以降の星が
固有の磁場をもっていることも
説明してくれるかもしれない
つまり
これら巨大な惑星は

その巨大さゆえに
多量の水を
吸い寄せており
その量によって
磁場をつくっている
さて
粒が
星のように密集したところにおいて
どのように振る舞うのか
粒と場との関係からみてきた
この密集体が
さらに密集の度合いを増し
pを押し上げ

wをさらに下げ
prが増大をつづけて
光も吸い寄せるほどの水圧を
及ぼすようになると
暗黒点がつくられる
この点は
非常に高い圧力で
水流を噴き出すことから
そこには強い磁場が
流れており
ときには
この水流が循環せずに
垂直に噴き出していく

では
この点は
どのように
つくられるのだろうか
暗黒点は
星が
大量の熱を発して
爆発したあとに
形成されることが多い
爆発によって
その場の濃度 **w** が
極端に薄くなり
一つ一つの粒の水圧 **pr** が

はね上がって
その強い水圧のために
粒の密集体が
さらに圧縮され
溶け合わさって
一つの濃いまとまりを
形成し
それが
暗黒点となるのかもしれない
その
濃く溶解したものは
全体として
そのまわりに

斥力を及ぼすかもしれず
この斥力が
このような暗黒点の周囲に
極端に薄い
環状の構造を
つくっているのかもしれない
これは暗黒点の場合である
通常の
星の場合は
粒はそれぞれが
独立しており
その濃い部分の及ぼす
斥力は

その一つ一つの濃い部分の
まわりにのみ
はたらいている
そのため
暗黒点のように
全体として周囲に
斥力を及ぼすことはなく
そこでの斥力はあくまで
一つの粒のまわりの
微視的な範囲にしか
はたらいていない
さて
星の周囲に

淡い環が揺らいでいることは
ないが
粒は
その淡環（たんかん）の揺らぎによって
ふくらんでいく
しかし
地球を構成している粒が
ふくらんでいって
地球が大きくなることはない
これは
地球の周囲からは
すでに多量の水が
粒へと圧縮されており

その分場から
水が奪われているために
場がかなり
薄くなっていて
淡環が十分に
濃い揺らぎを生むほどに
その揺らぎの材料になる
水がないためであるかもしれない
つまり
水が粒へと
集中した分
場から水が奪われるのであり
これは

より大きな範囲においても
確認できるかもしれない
つまり
粒が
水のなかに広がったことは
その分だけ
水が
場に広く
拡散していたところから
粒へと集中し
圧縮されたことを意味し
場全体から
かなりの量の水が

奪われていることになる
このため
粒が増えていくにつれて
次第に水の薄い領域が
生まれてくる
ぼんやりと薄い
広大な領域が
やわらかく周囲に
作用するはずであり
暗黒の要素は
この水の足し引きによって
説明できるかもしれない
このため

この薄い領域の外で
いまも
粒が生まれて
ふくらんでいるところでは
より濃い水が
広がっているのであり
この濃い領域を
力が移動して
通っていくならば
その粒の水圧が
落ちることから
その速度が
遅くなるはずである

つまり
暗黒の領域では
粒の移動が早くなり
その外では
より遅くなる
光の波長が
遠い銀河から届く場合に
赤く伸びることは
この濃い領域に
よるのかもしれない
つまり
水の薄いところでは
細かく震えていた波が

水の多いところにおいて
よりゆるやかに
振幅するのかもしれない
付け加えて
光は
波とも
粒とももとれない動きをするが
これは
光のような
かすかな濃淡において
水の斥力が
十分に強くなく
張力と斥力が

互いに干渉しあっていることを
意味しているのかもしれない
つまり
粒らしい動きをする
最低限の
濃淡のひらきが
光の動きを
説明しているのかもしれない
このため
光は
時間が流れる
最も小さな単位なのである
というのも

時間は
変化であり
変化のないところでは
時間は流れない
しかし
世界が水であるならば
この変化は
水における変化でなければならず
水は
その濃度の変化によって
動いている
このため
速く動く粒は

より遅く動いている粒に比べて
時間の流れが遅い
というのも
同じ距離のあいだに
遅い粒は
何回も水を循環させるが
速い粒は
よりわずかな回数しか
水を循環させないからである
つまり
その力の圧縮を
通過した水の総量が
遅い粒よりも

速い粒の方が
少ないのである
そして
この性質は
粒の大きさとは関係がない
というのも
陽子をつくる
クォーク一つ一つは
それぞれ一定の水量を
もとめており
陽子の数が増えたからといって
そのクォーク一つ一つの
もとめる水量は変わらず

そのクォークを通っていく
水の総量は
どの原子も
同じであるからである
このため
時間の伸び縮みは
ただその移動する
速度に関係している
また
力が
この速度をもって
移動しているとき
その力は

その速度を
保ちつづけようとする
この
ものの慣性は
別の仕方で説明できるかもしれない
つまり
速く動いている粒が
速度を落とすことは
その粒が
より水のなかに
固着することを
意味している
水に固着するほど

力は自分の濃度を維持するために
周囲から水を
吸い寄せる必要がある
しかし
移動しているときには
水をある一点に
集める代わりに
粒自体が動いていって
水を獲得できることから
力が水を
吸い寄せる必要は減る
このため
粒の速度が落ちることは

その粒が
より大きな水圧をかけて
水を集めなければならなくなることを意味し
それは
粒の速度が落ちることに対して
抵抗になる
このため
力に
移動する運動が加えられ
いったん力の水圧が
速度に変換されると
その速度が
自然に

再び水圧に変換されることはなく
力はその速度を
維持しつづけ
このために
慣性がはたらく
そして
水圧の大きい
重い粒ほど
速度を落とすのに
大きな力がいることは
速度から水圧へと
変換される量が大きく
速度が落ちることによって

より大きな
水圧をかける必要があるためである
力にかかる速度は
このように
その力に作用している
ただ
この
水圧の速度への変換は
ごく微小な作用なのかもしれない
ごく大きな
速度の差があるときに
その粒の重力に
変化が生まれるかもしれないという

可能性である
付け加えて
光は
波とも
粒ともとれない動きをするが
粒は
波に対して
より遅い動きをする
というのも
粒には
環状に
斥力がはたらいているために
同じ位置に

固定しようとする作用がかかっており
この斥力が強く
周囲への反発が強いほど
その粒は同じ位置に留まろうとする
この
同じ位置に固着する程度が
慣性質量を示しているが
同じ位置に留まっている力は
そこにはたらく水圧の影響も
より強く受けることになる
つまり
水に固着して
水のなかに沈んでいるほど

ある星が
その水を吸い寄せる
圧力に引かれていく
このため
慣性質量が大きいほど
重力質量も大きくなる
ただ
斥力の弱い
わずかな濃度の粒ほど
軽やかに動くのであり
水の広がり全体には
この最も小さな
粒をつくる力が

流れるように
動いている
その動きは
ある程度のまとまりをつくって
球状に回転し
その細かな
力の動きが
長い時間つづくことで
その球のなかの場には
水の流れが
生まれることになる
その回転によって
その水流の中心には

小さく渦が
できるのであり
その渦へと
重い粒は吸い寄せられていく
暗黒点よりも
いくつか桁を
かさねた強さの
水圧を及ぼす
この渦へと
細く腕を伸ばして
銀河がわずかに
旋回し
この中心の

渦の揺らぎが
まばゆい輝きを
その周囲に放っている
このように
空を飛ぶ鳥のみが
目にする世界においても
小さな粒を生み出す
かすかな力が
最も大きな事象を
生み出しているのかもしれず
すべて形は
その細い渦へと
氷が融けていくように

次第に吸い取られ
やがて
かつてと同じ
均質な波の震える
一つの水にもどって
渦は消え
静寂のささやきが
かすかに耳に聞こえる
とわの眠りへと
瞼を閉じることに
なるのかもしれない
ここでの水は
一つの比喩である

水の
流体としての性質と
その濃淡のあいだの力という
一つの仮定をおこなったときに
物の形象が
説明できるかもしれないという
想定である
この水が
力をもって
形をつくり出すときも
それは
常に揺らぎをもっているのであり
たとえ

ある水の広がりに
均一に
力がはたらいているとしても
その広がりのなかで
水に偏りが
生まれることから
力は一定でも
水は揺らいでいるのであり
定まった形はどこにもなく
ただおおよそ
このあたりに
力がはたらいていることしか
把握はできない

ただ
シャッタースピードの遅い
私たちの目には
そこになにか
形があるように
ぼんやりと
みえるだけである
眠りのなかでみる
ゆるやかな幻影のように
その形は
ただ私たちの目のなかにのみ
描き込まれており
それは

水の揺らぎの背後で
水のなかへと
はたらきかけている力を
写し取っている

世界は水滴のように落ちていく

2017年3月30日　初版第1刷発行

著　者　銀葉

発行所　ブイツーソリューション
〒466-0848　名古屋市昭和区長戸町4-40
TEL：052-799-7391　FAX：052-799-7984

発売元　星雲社
〒112-0005　東京都文京区水道1-3-30
TEL：03-3868-3275　FAX：03-3868-6588

印刷所　富士リプロ

ISBN978-4-434-23092-9